数控加工实训

报告书

（第二版）

主　编　魏同学　张立昌

参　编　刘晓青

主　审　李周平　周信安

西安交通大学出版社
XI'AN JIAOTONG UNIVERSITY PRESS

内容简介

本书以"基于工作过程"为导向,采用项目教学法,结合"数控加工实训"教材,以任务驱动为核心强化学生对知识和技能的掌握。书中主要内容包括:数控车床、数控铣床/加工中心和数控线切割的基本知识及操作、数控加工实训的考核标准、数控加工实训总结等内容,以典型零件作为强化练习加以说明。

本书可作为高等职业技术院校数控技术、机械制造与自动化、模具设计与制造及机电一体化专业用书,也可作为与之相近专业师生及相关工程技术人员参考用书。

图书在版编目(CIP)数据

数控加工实训报告书/魏同学,张立昌主编. —2 版.
—西安:西安交通大学出版社,2015.9
ISBN 978 - 7 - 5605 - 7834 - 7

Ⅰ.①数… Ⅱ.①魏…②张… Ⅲ.①数控机床-加工-高等职业教育-教学参考资料 Ⅳ.①TG659

中国版本图书馆 CIP 数据核字(2015)第 202700 号

书　　名	数控加工实训报告书(第二版)
主　　编	魏同学　张立昌
丛书策划	杨　瑶
责任编辑	雷萧屹
责任校对	李　文
出版发行	西安交通大学出版社
	(西安市兴庆南路 10 号　邮政编码 710049)
网　　址	http://www.xjtupress.com
电　　话	(029)82668357　82667874(发行中心)
	(029)82668315(总编办)
传　　真	(029)82668280
印　　刷	陕西时代支点印务有限公司
开　　本	787mm×1092mm　1/16　印张 8.5　字数 203 千字
版次印次	2015 年 9 月第 2 版　2015 年 9 月第 1 次印刷
书　　号	ISBN 978 - 7 - 5605 - 7834 - 7/TG·69
定　　价	20.50 元

读者购书、书店添货、如发现印装质量问题,请与本社发行中心联系、调换。
订购热线:(029)82665248　(029)82665249
投稿热线:(029)82669097　QQ:8377981
读者信箱:lg_book@163.com

前　言

　　本书是针对高等职业院校机械类专业编写的理论与实践一体化教材，落实"教、学、做"于一体，在"做中学、做中教"，保证实训技能与企业实际相符。本书是《数控加工实训》的配套用书。本书突出"实用为主，够用为度"，参考数控加工工艺与编程操作教程、数控职业技能鉴定实训教程、数控机床编程与操作实训教程、数控机床刀具资料等书籍，经过反复实践与总结编写而成。

　　本书根据高等职业教育培养生产一线的高素质劳动者和中高级专门人才的要求，对数控机床的编程、操作知识进行了整体优化，着重对数控加工实训教材中的内容进行补充和完善，通过学习本书的内容，可强化对数控机床程序编制、工艺安排以及加工调试的能力。

　　本书建立了一套以工作过程为导向，以项目教学为体系，以大量实践为主的方法，培养学生的的实践动手能力，书中主要内容包括：数控车床、数控铣床/加工中心和数控切线割的基本知识及操作、数控加工实训的考核标准、数控加工实训总结等内容，以典型零件作为强化练习加以说明。本书知识点实用性和技能操作性强，并配套数控加工实训以任务驱动为核心强化学生对知识和技能的掌握。

　　本书由魏同学、张立昌担任主编，其中第 1 篇由魏同学编写，第 2篇由张立昌编写，第 3 篇由刘晓青老师编写。全书由李周平、周信安主审，由魏同学进行统稿。

　　由于编者的水平和经验所限，书中难免存在不妥和错误，恳请读者批评指正。

编　者
2015 年 6 月

目　录

第 1 篇　数控车床

第 2 篇　数控铣床/加工中心

第 3 篇　数控线切割

第1篇　数控车床

项目一 数控车床基本知识

1.1 任务单

适用专业:数控、机制、模具、机电等机械相关专业			适用年级		
任务名称:数控车床基本知识			任务编号		
班级		姓名	组别		日期

一、任务描述

1. 了解数控实训中心的规章制度及数控车床操作规程。

2. 了解数控车床相关知识及维护保养。

3. 掌握数控车床的基本操作及工量具的使用方法。

二、相关资料及资源

相关资料

1. 教材《数控加工实训》。

2. 教学课件。

相关资源:

1. 数控车床。

2. 教学课件。

三、任务实施说明

1. 学生分组,每小组 3～5 人。

2. 小组进行任务分析。

3. 查阅资料。

4. 现场教学。

5. 小组讨论数控车床操作时应注意的安全事项及任务的重点难点。

6. 小组合作,进行数控车床操作讲解练习,小组成员补充优化。

7. 角色扮演,分小组进行讲解演示。

8. 完成数控车床基本操作及引导文相关内容的填写。

四、注意事项

1. 注意观察数控车床的结构和工作原理。

2. 注意掌握数控车床的各键功能和操作方法。

3. 注意安全文明操作。

4. 遇到问题时小组进行讨论,老师可以参与讨论,通过团队合作使问题得到解决。

5. 注意对数控车床的日常维护和保养。

6. 培养学生遵守 6S 相关规定。

五、知识拓展

1. 通过查找资料等方式,了解数控车床的种类、加工范围以及发展现状。
2. 查阅资料,了解除数控车床以外的其他数控设备。

任务下发人:

日期: 年 月 日

任务执行人:

日期: 年 月 日

1.2 引导文

适用专业：数控、机制、模具、机电等机械相关专业				适用年级		
任务名称：数控车床基本知识				任务编号		
班级		姓名		组别		日期

一、明确任务目的

1. 熟悉数控车床的操作规程。

2. 了解实训的数控机床所采用的数控系统功能。

3. 熟悉数控车床的操作面板、控制面板和软键功能，能够进行简单的手动操作。

4. 掌握数控车床基本操作。

5. 熟悉数控车床的日常维护和保养。

6. 遵守 6S 现场管理的相关规定。

二、引导问题

1. 开机后为什么要回参考点？

2. 简述对安全文明生产的认识情况。

3. 机床润滑保养是否有必要？具体措施有哪些？

4. 简述程序建立和删除步骤。

三、引导任务实施

1. 根据 1.1 任务单简述数控车床各键的功能。

2. 掌握数控车床的基本操作方法。

3. 熟悉数控车床的操作规程及日常维护保养。

四、评价

小组讨论设计本小组的学习评价表,相互评价,最后给出小组成员的得分:

任务学习的其他说明或建议:

指导老师评语:

任务执行人签字:

日期: 年 月 日

指导老师签字:

日期: 年 月 日

1.3 6S 和现场操作评分表

项目名称				日 期		
姓 名				组 号		

	考核项目	考核内容	自我评价（×10%）	班组评价（×30%）	教师评价（×60%）	得 分
职业素养	纪律（20分）	认真学习，不迟到早退，服从安排，违反一项扣1～3分				
	安全文明生产（20分）	安全着装，按要求操作机床，违反一项扣1～3分				
	职业规范（20分）	爱护设备、量具，实训中工具、量具、刀具摆放整齐，机床加油、清洁。违反一项扣1～3分				
	现场要求（20分）	不玩手机，不大声喧哗，不打闹，课后清扫地面、设备，清理现场。违反一项扣1～3分				
	任务掌握（20分）	对任务进行认知考核，错误一次扣1～3分				
	人伤械损事故	若出现人伤械损事故，整个项目成绩记0分				
	总 分					
备 注（现场未尽事项记录）						
教师签字				学生签字		

项目二　数控车床对刀操作

2.1　任务单

适用专业:数控、机制、模具、机电等机械相关专业		适用年级	
任务名称:数控车床对刀操作		任务编号	
班　级	姓　名	组　别	日　期

一、任务描述

1. 熟练掌握数控车床的刀具和工件的装夹。
2. 能够独立对刀,进行参数计算以及半径补偿参数的设置和验证。
3. 能够熟练地进行程序输入、编辑以及自动加工等操作。

图 2-1　数探车床对刀原理

二、相关资料及资源

相关资料:

1. 教材《数控加工实训》。
2. 教学课件。

相关资源:

1. 数控车床
2. 教学课件

三、任务实施说明

1. 学生分组,每小组 3～5 人。
2. 小组进行任务分析。
3. 查阅资料。
4. 现场教学。
5. 小组讨论数控车床对刀时应注意的安全事项及任务的重点难点。
6. 小组合作,进行数控车床对刀操作讲解练习,小组成员补充优化。

7. 角色扮演,分小组进行讲解演示。

8. 完成2.2引导文相关内容。

四、注意事项

1. 注意对刀前必须确定机床已经回过参考点以及机床无任何报警。

2. 注意不管是用寻边器对刀,还是用车刀直接对刀,都必须注意寻边器或车刀在退出时的移动方向,一旦移错方向,就有可能切废工件、折断车刀或将寻边器损坏。

3. 注意安全文明操作。

4. 注意对刀参数一定要准确输入,确保对刀准确。

5. 遇到问题时小组进行讨论,老师可以参与讨论,通过团队合作使问题得到解决。

6. 注意对数控车床的日常维护和保养。

7. 培养学生遵守6S相关规定。

五、知识拓展

1. 通过查找资料等方式,了解数控车床的其他对刀方法。

2. 查阅资料,了解除数控车床以外的其他数控设备对刀方法。

任务下发人:

日期: 年 月 日

任务执行人:

日期: 年 月 日

2.2　引导文

适用专业:数控、机制、模具、机电等机械相关专业				适用年级	
任务名称:数控车床对刀操作				任务编号	
班　级		姓　名		组　别		日　期	

一、明确任务目的

1. 熟悉数控车床的工件安装方法。
2. 了解数控车床常用刀具的选用及使用方法。
3. 掌握数控车床的对刀方法及步骤。
4. 了解常用量具的选择和使用方法。
5. 遵守 6S 现场管理的相关规定。

二、引导问题

1. 为什么要进行对刀操作?

2. 车床加工零件常用的装夹方式有哪几种?

3. 刀具、工件装夹时应该注意的问题有哪些?

4. 简述对刀操作步骤。

三、引导任务实施

1. 根据 2.1 任务单简述数控车床的工件及刀具安装方法。

2. 掌握数控车床的对刀操作方法。

3. 熟悉常用量具的使用方法。

四、评价

小组讨论设计本小组的学习评价表，相互评价，最后给出小组成员的得分：

任务学习的其他说明或建议：

指导老师评语：

任务执行人签字：

日期： 年 月 日

指导老师签字：

日期： 年 月 日

2.3　6S 和现场操作评分表

项目名称			日　　期		
姓　　名			组　　号		

	考核项目	考核内容	自我评价（×10％）	班组评价（×30％）	教师评价（×60％）	得　分
职业素养	纪律（20分）	认真学习，不迟到早退，服从安排，违反一项扣 1～3 分				
	安全文明生产（20分）	安全着装，按要求操作机床，违反一项扣 1～3 分				
	职业规范（20分）	爱护设备、量具，实训中工具、量具、刀具摆放整齐，机床加油、清洁。违反一项扣 1～3 分				
	现场要求（20分）	不玩手机，不大声喧哗，不打闹，课后清扫地面、设备，清理现场。违反一项扣 1～3 分				
	对刀操作考核（20分）	在规定时间内准确完成对刀操作，根据现场情况扣分				
	人伤械损事故	若出现人伤械损事故，整个项目成绩记 0 分				
总　　分						
备　注（现场未尽事项记录）						
教师签字			学生签字			

项目三 轴类零件加工

3.1 任务单

适用专业：数控、机制、模具、机电等机械相关专业		适用年级	
任务名称：轴类零件加工		任务编号	
班级	姓名	组别	日期

一、任务描述

1. 按照图 3-1 完成此工序的各项工作（选择刀具、零件装夹方式），毛坯尺寸 $\phi 25mm \times 85mm$。

2. 按照图 3-1 完成编制车削加工工序的各项工作（建立工件坐标系、计算节点坐标、绘图、选择切削用量、设置切削参数、编制程序、输入程序）。

3. 按照图 3-1 依次完成车削加工的各项工作（操作数控车床、安装调整车刀、安装校正零件、对刀操作、首件试切、检测零件、调试加工程序等）。

图 3-1 轴类零件加工图

二、相关资料及资源

相关资料：

1. 教材《数控加工实训》。

2. 教学课件。

相关资源：

1. 数控车床、各种刀具、量具。

2. 教学课件。

3. 阅 3.2 引导文。

三、任务实施说明

1. 学生分组，每小组 3～5 人。

2. 小组进行任务分析。

3. 资料学习。

4. 现场教学。

5. 小组讨论车削工件时应注意的安全事项及任务的重点难点。

6. 小组合作，进行工件车削操作讲解练习，小组成员补充优化。

7. 角色扮演，分小组进行讲解演示。

8. 完成 3.2 引导文相关内容。

四、注意事项

1. 注意加工时应选择正确的站位和操作手势，密切注意加工情况，随时准备处理突发情况。

2. 注意调整进给倍率修调开关和主轴倍率开关，提高工件表面质量。

3. 注意车削加工后，需用锉刀或油石去除毛刺。

4. 遇到问题时小组进行讨论，老师可以参与讨论，通过团队合作使问题得到解决。

5. 培养学生遵守 6S 相关规定。

五、知识拓展

1. 通过查找资料等方式，了解数控车床的车削原理和切削用量的选择。

2. 查阅资料，了解轴类零件的加工工艺方法。

任务下发人：

日期： 年 月 日

任务执行人：

日期： 年 月 日

3.2　引导文

适用专业:数控、机制、模具、机电等机械相关专业		适用年级	
任务名称:轴类零件加工		任务编号	
班　级	姓　名	组别	日　期

一、明确任务目的

1. 了解和掌握轴类零件结构编程的基本结构。
2. 能合理地选择切削用量。
3. 掌握各种轴类零件加工方法。
4. 正确使用量具测量工件。
5. 遵守 6S 现场管理的相关规定。

二、引导问题

1. 在加工过程中遇到哪些问题以及如何解决这些问题?

2. 试分析所加工零件误差产生的原因及消除办法。

三、引导任务实施

1. 根据 3.1 任务单给出的零件图,对零件的加工工艺进行分析。

2. 根据 3.1 任务单给出的零件图,制定加工工艺方案。

3. 根据 3.1 任务单给出的零件图,填写零件加工工序卡。

4. 根据 3.1 任务单给出的零件图,编写零件加工程序。

四、评价

小组讨论设计本小组的学习评价表,相互评价,最后给出小组成员的得分:

任务学习的其他说明或建议:

指导老师评语:

任务执行人签字:

日期:　年　月　日

指导老师签字:

日期:　年　月　日

3.3 轴加工工序卡

轴加工工序卡					产品名称	零件名称	零件图号
工序号	工步内容	材料	数量		夹具名称	使用设备	实训室

工步号	工步内容	切削用量			刀具		量具	
		n (r/min)	f (mm/r)	a_p (mm)	刀号	名称	名称	规格
编制		审核		批准		共 页	第 页

3.4 轴加工程序单

3.5 6S 和现场操作评分表

项目名称			日　期			
姓　　名			组　号			
	考核项目	考核内容	自我评价（×10%）	班组评价（×30%）	教师评价（×60%）	得　分
职业素养	纪律（20分）	认真学习，不迟到早退，服从安排，违反一项扣1～3分				
	安全文明生产（20分）	安全着装，按要求操作机床，违反一项扣1～3分				
	职业规范（20分）	爱护设备、量具，实训中工具、量具、刀具摆放整齐，机床加油、清洁。违反一项扣1～3分				
	现场要求（20分）	不玩手机，不大声喧哗，不打闹，课后清扫地面、设备、清理现场。违反一项扣1～3分				
	工件加工考核（20分）	在规定时间内完成工件的加工，根据现场情况扣分				
	人伤械损事故	若出现人伤械损事故，整个项目成绩记0分				
	总　分					
备　注（现场未尽事项记录）						
教师签字			学生签字			

3.6 零件检测评分表

零件名称			工件编号		
零件图					
序号	考核项目		配分	评分标准	检测结果	得分

序号	考核项目	配分	评分标准	检测结果	得分
1	$\phi 20_{-0.1}^{0}$	25	超差 0.01 扣 2 分		
2	$\phi 16$	20	超差 0.02 扣 2 分		
3	55	10			
4	R6	10	不合格全扣		
5	倒角	5	不合格全扣		
6	安全文明生产		按有关规定,每违反一项从总分中扣1~10分,发生重大事故取消考试资格		
7	程序编制		①程序要完整,连续加工。②加工中有违反数控工艺,视情况酌情扣分。③扣分不超过10分		
8	其他项目		①工件必须完整,工件局部无缺陷(夹伤等)。②扣分不超过10分		
9	加工时间	额定时间	分钟,延时扣分		
10	工件总得分				
11	考试签名:			考评员签名:	

项目四 槽类零件加工

4.1 任务单

适用专业:数控、机制、模具、机电等机械相关专业		适用年级	
任务名称:槽类零件加工		任务编号	
班级	姓名	组别	日期

一、任务描述

1. 加工如图 4-1 所示零件,数量 1 件,毛坯为项目三加工成型的零件。

2. 要求学生通过该任务实训,了解切槽刀的几何形状,掌握外圆槽的加工方法。

3. 填写加工工序卡片并完成程序编制,能够按图 4-1 技术要求独立完成槽的加工。

4. 使用量具检测所加工零件是否合格。

图 4-1 槽类零件加工图

二、相关资料及资源

相关资料:

1. 教材《数控加工实训》。

2. 教学课件。

相关资源:

1. 数控车床、各种刀具、量具。

2. 教学课件。

3. 阅 4.2 引导文。

三、任务实施说明

1. 学生分组,每小组 3~5 人。

2. 小组进行任务分析。

3. 资料学习。

4. 现场教学。

5. 小组讨论车外圆沟槽时应注意的安全事项及任务的重点难点。

6. 小组合作,进行工件车削操作讲解练习,小组成员补充优化。

7. 角色扮演,分小组进行讲解演示。

8. 完成 4.2 引导文相关内容。

四、注意事项

1. 了解车槽刀的几何形状与角度要求。

2. 注意槽加工时的切削参数。

3. 掌握在加工外圆沟槽和切断时的车削方法。

4. 遇到问题时小组进行讨论,老师可以参与讨论,通过团队合作使问题得到解决。

5. 培养学生遵守 6S 相关规定。

五、知识拓展

1. 通过查找资料等方式,了解端面槽、内圆沟槽的加工方法和切削用量的选择。

2. 查阅资料,了解车削中槽的各种类型及加工工艺。

任务下发人：

日期： 年 月 日

任务执行人：

日期： 年 月 日

4.2　引导文

适用专业:数控、机制、模具、机电等机械相关专业			适用年级	
任务名称:槽类零件加工			任务编号	
班级	姓　名	组　别	日　期	

一、明确任务目的

1. 了解和掌握槽类零件结构编程的基本结构。
2. 能合理地选择切削用量。
3. 掌握外圆沟槽零件加工方法。
4. 正确使用量具测量工件。
5. 遵守 6S 现场管理的相关规定。

二、引导问题

1. 数控车床加工槽时的切削用量如何选择?

2. 阐述槽的加工方法和编程指令都有哪些?

三、引导任务实施

1. 根据 4.1 任务单给出的零件图,对零件的加工工艺进行分析。

2. 根据 4.1 任务单给出的零件图,制定加工工艺方案。

3. 根据 4.1 任务单给出的零件图,填写零件加工工序卡。

4. 根据 4.1 任务单给出的零件图,编写零件加工程序。

四、评价

小组讨论设计本小组的学习评价表,相互评价,最后给出小组成员的得分:

任务学习的其他说明或建议:

指导老师评语:

任务执行人签字:

日期: 年 月 日

指导老师签字:

日期: 年 月 日

4.3 槽加工工序卡

槽加工工序卡					产品名称	零件名称	零件图号
工序号	工步内容	材料	数量		夹具名称	使用设备	实训室

工步号	工步内容	切削用量			刀具		量具	
		n (r/min)	f (mm/r)	a_p (mm)	刀号	名称	名称	规格

编制		审核			批准		共 页	第 页

4.4 槽加工程序单

4.5　6S 和现场操作评分表

项目名称			日　期	
姓　　名			组　号	

	考核项目	考核内容	自我评价（×10%）	班组评价（×30%）	教师评价（×60%）	得　分
职业素养	纪律（20分）	认真学习，不迟到早退，服从安排，违反一项扣1～3分				
	安全文明生产（20分）	安全着装，按要求操作机床，违反一项扣1～3分				
	职业规范（20分）	爱护设备、量具，实训中工具、量具、刀具摆放整齐，机床加油、清洁。违反一项扣1～3分				
	现场要求（20分）	不玩手机，不大声喧哗，不打闹，课后清扫地面、设备，清理现场。违反一项扣1～3分				
	工件加工考核（20分）	在规定时间内完成工件的加工，根据现场情况加分				
	人伤械损事故	若出现人伤械损事故，整个项目成绩记0分				
总　分						
备　注（现场未尽事项记录）						
教师签字			学生签字			

4.6 零件检测评分表

零件名称			工件编号	

序号	考核项目		配分	评分标准	检测结果	得分
1	$\phi24_{-0.2}^{0}$		20	超差 0.01 扣 2 分		
2	$\phi18_{-0.1}^{0}$		20			
3	4		20			
4	6		5	超差 0.02 扣 2 分		
5	25		5			
6	安全文明生产			按有关规定,每违反一项从总分中扣 1~10 分,发生重大事故取消考试资格		
7	程序编制			①程序要完整,连续加工。②加工中有违反数控工艺,视情况酌情扣分。③扣分不超过 10 分		
8	其他项目			①工件必须完整,工件局部无缺陷(夹伤等)。②扣分不超过 10 分		
9	加工时间		额定时间	分钟,延时扣分		
10	工件总得分					
11	考试签名:			考评员签名:		

项目五 螺纹零件加工

5.1 任务单

适用专业:数控、机制、模具、机电等机械相关专业		适用年级	
任务名称:螺纹零件加工		任务编号	
班级	姓名	组别	日期

一、任务描述

1. 加工如图5-1所示零件,数量1件,毛坯为项目四加工成型的零件。

2. 要求学生通过该任务实训,了解螺纹的种类和用途,掌握普通三角形螺纹基本参数的计算。

3. 填写加工工序卡片和程序编制,能够按图5-1技术要求独立完成外三角形螺纹的加工。

4. 掌握螺纹环规检测螺纹的方法。

图5-1 螺纹零件加工图

二、相关资料及资源

相关资料:

1. 教材《数控加工实训》。

2. 教学课件。

相关资源:

1. 数控车床、各种刀具、量具。

2. 教学课件。

3. 阅5.2引导文。

三、任务实施说明

1. 学生分组，每小组 3～5 人。
2. 小组进行任务分析。
3 资料学习。
4. 现场教学。
5. 小组讨论外三角形螺纹加工时应注意的问题及安全事项。
6. 小组合作，进行外三角形螺纹车削操作讲解练习，小组成员补充优化。
7. 角色扮演，分小组进行讲解演示。
8. 完成 5.2 引导文相关内容。

四、注意事项

1. 掌握外三角形螺纹的加工方法和检测方法。
2. 能独立解决加工外三角形螺纹时出现的问题。
3. 注意车削加工后，需用锉刀或油石去除毛刺。
4. 遇到问题时小组进行讨论，老师可以参与讨论，通过团队合作使问题得到解决。
5. 培养学生遵守 6S 相关规定。

五、知识拓展

1. 通过查找资料等方式，了解螺纹的种类和用途。
2. 查阅资料，了解螺纹的其他加工方法和编程格式。

任务下发人：

日期： 年 月 日

任务执行人：

日期： 年 月 日

5.2 引导文

适用专业:数控、机制、模具、机电等机械相关专业			适用年级	
任务名称:螺纹零件加工			任务编号	
班 级		姓 名	组 别	日 期

一、明确任务目的

1. 了解和掌握三角形螺纹编程的基本结构。
2. 了解三角形螺纹的规格、代号及表示方法。
3. 掌握三角形螺纹的加工方法。
4. 正确使用螺纹量具测量螺纹。
5. 遵守 6S 现场管理的相关规定。

二、引导问题

1. 螺纹的种类有哪些?

2. 加工螺纹时的编程方式有哪几种?

三、引导任务实施

1. 根据 5.1 任务单给出的零件图,对零件的加工工艺进行分析。

2. 根据 5.1 任务单给出的零件图,制定加工工艺方案。

3. 根据 5.1 任务单给出的零件图,填写零件加工工序卡。

4. 根据 5.1 任务单给出的零件图,编写零件加工程序。

四、评价

小组讨论设计本小组的学习评价表,相互评价,最后给出小组成员的得分:

任务学习的其他说明或建议:

指导老师评语:

任务执行人签字:

日期: 年 月 日

指导老师签字:

日期: 年 月 日

5.3 螺纹加工工序卡

螺纹加工工序卡				产品名称	零件名称	零件图号
工序号	工步内容	材料	数量	夹具名称	使用设备	实训室

工步号	工步内容	切削用量			刀具		量具	
		n (r/min)	f (mm/r)	a_p (mm)	刀号	名称	名称	规格

编制		审核		批准		共 页		第 页

5.4 螺纹零件加工程序单

5.5 6S和现场操作评分表

项目名称			日 期			
姓 名			组 号			

	考核项目	考核内容	自我评价（×10%）	班组评价（×30%）	教师评价（×60%）	得 分
职业素养	纪律（20分）	认真学习,不迟到早退,服从安排,违反一项扣1～3分				
	安全文明生产（20分）	安全着装,按要求操作机床,违反一项扣1～3分				
	职业规范（20分）	爱护设备、量具,实训中工具、量具、刀具摆放整齐,机床加油、清洁。违反一项扣1～3分				
	现场要求（20分）	不玩手机,不大声喧哗,不打闹,课后清扫地面、设备,清理现场。违反一项扣1～3分				
	工件加工考核（20分）	在规定时间内完成工件的加工,根据现场情况扣分				
	人伤械损事故	若出现人伤械损事故,整个项目成绩记0分				
总 分						

备 注（现场未尽事项记录）	
教师签字	学生签字

5.6 零件检测评分表

零件名称		工件编号		
零件图				

序号	考核项目	配分	评分标准	检测结果	得分
1	M16×1.5	40	不合格全扣		
2	φ12	10			
3	4	10	超差0.02扣2分		
4	14	5			
5	倒角	5	不合格全扣		
6	安全文明生产		按有关规定,每违反一项从总分中扣1~10分,发生重大事故取消考试资格		
7	程序编制		①程序要完整,连续加工。②加工中有违反数控工艺,视情况酌情扣分。③扣分不超过10分		
8	其他项目		①工件必须完整,工件局部无缺陷(夹伤等)。②扣分不超过10分		
9	加工时间	额定时间	分钟,延时扣分		
10		工件总得分			
11	考试签名:			考评员签名:	

项目六　套类零件加工

6.1　任务单

适用专业:数控、机制、模具、机电等机械相关专业			适用年级	
任务名称:套类零件的加工			任务编号	
班　级		姓　名	组　别	日　期

一、任务描述

1. 加工如图 6-1 所示零件,数量 1 件,毛坯尺寸 ϕ50mm×70mm。

2. 要求学生通过该任务实训,了解麻花钻的用法,掌握台阶孔、平底孔、内圆槽和内螺纹的加工方法。

3. 填写加工工序卡片和程序编制,能够按图 6-1 技术要求独立完成零件的加工。

4. 掌握套类零件的检测方法。

图 6-1　套类零件加工图

二、相关资料及资源

相关资料:

1. 教材《数控加工实训》。

2. 教学课件。

相关资源：

1. 数控车床、各种刀具、量具。

2. 教学课件。

3. 阅 6.2 引导文。

三、任务实施说明

1. 学生分组，每小组 3～5 人。

2. 小组进行任务分析。

3. 资料学习。

4. 现场教学。

5. 小组讨论套类零件加工时应注意的问题及安全事项。

6. 小组合作，进行套类零件车削操作讲解练习，小组成员补充优化。

7. 角色扮演，分小组进行讲解演示。

8. 完成 6.2 引导文相关内容。

四、注意事项

1. 掌握镗孔刀、内槽刀、内螺纹刀的选择和使用方法。

2. 掌握钻孔、台阶孔、内圆槽、内螺纹的加工方法。

3. 掌握套类零件的检测方法。

4. 注意车削加工后，需用锉刀或油石去除毛刺。

5. 遇到问题时小组进行讨论，老师可以参与讨论，通过团队合作使问题得到解决。

6. 培养学生遵守 6S 相关规定。

五、知识拓展

1. 通过查找资料等方式，了解套类零件的加工工艺。

2. 查阅资料，了解套类零件和轴类零件装配时的技术要求。

任务下发人：

日期： 年 月 日

任务执行人：

日期： 年 月 日

6.2 引导文

适用专业:数控、机制、模具、机电等机械相关专业		适用年级	
任务名称:数控车床基本知识		任务编号	
班级	姓名	组别	日期

一、明确任务目的

1. 能够掌握套类零件编程,并巩固套类零件的加工编程方法。
2. 能对套类零件进行数控加工工艺分析、设计。
3. 学习并掌握数控车削加工套类零件的方法。
4. 掌握套类零件的检测方法。
5. 遵守 6S 现场管理的相关规定。

二、引导问题

1. 麻花钻在数控车床上的装夹方式及使用方法?

2. 简述套类零件和轴类零件在加工时有何不同?

三、引导任务实施

1. 根据 6.1 任务单给出的零件图,对零件的加工工艺进行分析。

2. 根据 6.1 任务单给出的零件图,制定加工工艺方案。

3. 根据 6.1 任务单给出的零件图,填写零件加工工序卡。

4. 根据 6.1 任务单给出的零件图,编写零件加工程序。

四、评价

小组讨论设计本小组的学习评价表,相互评价,最后给出小组成员的得分:

任务学习的其他说明或建议:

指导老师评语:

任务执行人签字:

日期: 年 月 日

指导老师签字:

日期: 年 月 日

6.3 套类零件加工工序卡

套类零件加工工序卡						产品名称	零件名称	零件图号
工序号	工步内容	材料	数量			夹具名称	使用设备	实训室
工步号	工步内容	切削用量			刀具		量具	
		n (r/min)	f (mm/r)	a_p (mm)	刀号	名称	名称	规格
编制		审核			批准		共 页	第 页

6.4 套类零件加工程序单

6.5 6S 和现场操作评分表

项目名称			日　期		
姓　名			组　号		

	考核项目	考核内容	自我评价（×10%）	班组评价（×30%）	教师评价（×60%）	得　分
职业素养	纪律（20分）	认真学习,不迟到早退,服从安排,违反一项扣1～3分				
	安全文明生产（20分）	安全着装,按要求操作机床,违反一项扣1～3分				
	职业规范（20分）	爱护设备、量具,实训中工具、量具、刀具摆放整齐,机床加油、清洁。违反一项扣1～3分				
	现场要求（20分）	不玩手机,不大声喧哗,不打闹,课后清扫地面、设备,清理现场。违反一项扣1～3分				
	工件加工考核（20分）	在规定时间内完成工件的加工,根据现场情况扣分				
	人伤械损事故	若出现人伤械损事故,整个项目成绩记0分				
总　分						
备　注（现场未尽事项记录）						
教师签字			学生签字			

6.6 零件检测评分表

零件名称			工件编号		
零件图					

序号	考核项目	配分	评分标准	检测结果	得分
1	M36×2－6H	10	不合格全扣		
2	$\phi45^{+0.039}_{0}$	10			
3	$\phi48^{0}_{-0.019}$	10			
4	锥度1∶5	10	超差0.01扣2分		
5	$19^{+0.084}_{0}$	10			
6	67±0.05	10			
7	Ra0.8	10	不合格全扣		
8	安全文明生产	按有关规定,每违反一项从总分中扣1~10分,发生重大事故取消考试资格			
9	程序编制	①程序要完整,连续加工。②加工中有违反数控工艺,视情况酌情扣分。③扣分不超过10分			
10	其他项目	①工件必须完整,工件局部无缺陷(夹伤等)。②扣分不超过10分			
11	加工时间	额定时间　　分钟,延时扣分			
12		工件总得分			
13	考试签名:		考评员签名:		

项目七 综合零件加工

7.1 任务单

适用专业:数控、机制、模具、机电等机械相关专业		适用年级	
任务名称:综合零件加工		任务编号	
班 级	姓 名	组 别	日 期

一、任务描述

1. 加工如图 7-1 所示零件,数量 1 件,毛坯尺寸 $\phi50\times80$mm。

2. 要求学生通过该任务实训,了解综合零件的加工方法。

3. 填写加工工序卡片和程序编制,能够按图 7-1 技术要求独立完成零件的加工。

4. 掌握综合零件的检测方法。

图 7-1 综合零件加工图

二、相关资料及资源

相关资料:

1. 教材《数控加工实训》。

2. 教学课件。

相关资源：

1. 数控车床、各种刀具、量具。

2. 教学课件。

3. 阅 7.2 引导文。

三、任务实施说明

1. 学生分组，每小组 3～5 人。

2. 小组进行任务分析。

3. 资料学习。

4. 现场教学。

5. 小组讨论综合零件加工时应注意的问题及安全事项。

6. 小组合作，进行综合零件车削操作讲解练习，小组成员补充优化。

7. 角色扮演，分小组进行讲解演示。

8. 完成 7.2 引导文相关内容。

四、注意事项

1. 掌握综合零件的数控加工工艺，合理选择刀具、夹具和量具。

2. 掌握综合零件的加工方法。

3. 掌握综合零件的检测方法。

4. 注意车削加工后，需用锉刀或油石去除毛刺。

5. 遇到问题时小组进行讨论，老师可以参与讨论，通过团队合作使问题得到解决。

6. 培养学生遵守 6S 相关规定。

五、知识拓展

1. 通过查找资料等方式，了解综合零件的加工工艺知识。

2. 查阅资料，了解车削类零件的装夹方法和专用夹具的使用方法。

任务下发人：

日期： 年 月 日

任务执行人：

日期： 年 月 日

7.2 引导文

适用专业:数控、机制、模具、机电等机械相关专业			适用年级		
任务名称:综合零件加工			任务编号		
班级		姓名	组别		日期

一、明确任务目的

1. 能够掌握套类零件编程,并巩固套类零件的加工编程方法。
2. 能对综合零件进行数控加工工艺分析、设计。
3. 学习并掌握数控车削加工综合零件的方法。
4. 掌握综合零件的检测方法。
5. 遵守 6S 现场管理的相关规定。

二、引导问题

1. 在加工过程中遇到那些问题以及如何解决这些问题?

2. 试分析所加工零件误差产生的原因及消除办法。

三、引导任务实施

1. 根据 7.1 任务单给出的零件图,对零件的加工工艺进行分析。

2. 根据 7.1 任务单给出的零件图,制定加工工艺方案。

3. 根据 7.1 任务单给出的零件图,填写零件加工工序卡。

4. 根据 7.1任务单给出的零件图,编写零件加工程序。

四、评价

小组讨论设计本小组的学习评价表,相互评价,最后给出小组成员的得分:

任务学习的其他说明或建议:

指导老师评语:

任务执行人签字:

日期： 年 月 日

指导老师签字:

日期： 年 月 日

7.3 综合零件加工工序卡

综合零件加工工序卡				产品名称	零件名称	零件图号
工序号	工步内容	材料	数量	夹具名称	使用设备	实训室

工步号	工步内容	切削用量			刀具		量具	
		n (r/min)	f (mm/r)	a_p (mm)	刀号	名称	名称	规格

编制		审核		批准		共 页		第 页

7.4 综合零件加工程序单

7.5 6S 和现场操作评分表

项目名称			日　期	
姓　名			组　号	

	考核项目	考核内容	自我评价 (×10%)	班组评价 (×30%)	教师评价 (×60%)	得　分
职业素养	纪律 (20分)	认真学习,不迟到早退,服从安排,违反一项扣1~3分				
	安全文明 生产 (20分)	安全着装,按要求操作机床,违反一项扣1~3分				
	职业规范 (20分)	爱护设备、量具,实训中工具、量具、刀具摆放整齐,机床加油、清洁。违反一项扣1~3分				
	现场要求 (20分)	不玩手机,不大声喧哗,不打闹,课后清扫地面、设备,清理现场。违反一项扣1~3分				
	工件加工考核 (20分)	在规定时间内完成工件的加工,根据现场情况扣分				
	人伤械损事故	若出现人伤械损事故,整个项目成绩记0分				
总　分						
备　注 (现场未尽事项记录)						
教师签字			学生签字			

7.6 零件检测评分表

零件名称		工件编号	

序号	考核项目	配分	评分标准	检测结果	得分
1	M24×1.5—6g	10	不合格全扣		
2	M42×1.5—6h	10			
3	$\phi38_{-0.021}^{0}$	5			
4	$\phi12_{0}^{+0.03}$	5			
5	$\phi48_{-0.03}^{0}$	5			
6	$\phi36_{0}^{+0.03}$	5			
7	R30	5	超差0.01扣2分		
8	$19_{0}^{+0.05}$	5			
9	$29_{0}^{+0.08}$	5			
10	34±0.04	5			
11	$75_{-0.1}^{0}$	5			
12	Ra1.6	5	超差一处扣1分		

13	安全文明生产	按有关规定,每违反一项从总分中扣1~10分,发生重大事故取消考试资格		
14	程序编制	①程序要完整,连续加工。②加工中有违反数控工艺,视情况酌情扣分。③扣分不超过10分		
15	其他项目	①工件必须完整,工件局部无缺陷(夹伤等)。②扣分不超过10分		
16	加工时间	额定时间　　分钟,延时扣分		
17	工件总得分			
18	考试签名:		考评员签名:	

第2篇 数控铣床/加工中心

项目一　数控铣床/加工中心基本知识

1.1　任务单

适用专业:数控、机制、模具、机电等机械相关专业				适用年级	
任务名称:数控铣床/加工中心基本知识				任务编号	
班级		姓名		组别	日期

一、任务描述

1. 了解数控实训中心的规章制度及铣床/加工中心操作规程。

2. 了解数控铣床/加工中心相关知识及维护保养。

3. 掌握数控铣床/加工中心的基本操作及工量具的使用方法。

图 1-1　XD-40 数控铣床

二、相关资料及资源

相关资料:

1. 教材《数控加工实训》。

2. 教学课件。

相关资源:

1. 数控铣床/加工中心

2. 教学课件

三、任务实施说明

1. 学生分组，每小组 3～5 人。
2. 小组进行任务分析。
3. 查阅资料。
4. 现场教学。
5. 小组讨论数控铣床/加工中心操作时应注意的安全事项及任务的重点难点。
6. 小组合作，进行数控铣床/加工中心操作讲解练习，小组成员补充优化。
7. 角色扮演，分小组进行讲解演示。
8. 完成数控铣床/加工中心基本操作及引导文相关内容的填写。

四、注意事项

1. 注意观察数控铣床/加工中心的结构和工作原理。
2. 注意掌握数控铣床/加工中心的各键功能和操作方法。
3. 注意安全文明操作。
4. 遇到问题时小组进行讨论，老师可以参与讨论，通过团队合作使问题得到解决。
5. 注意对数控铣床/加工中心的日常维护和保养。
6. 培养学生遵守 6S 相关规定。

五、知识拓展

1. 通过查找资料等方式，了解数控铣床的种类、加工范围以及发展现状。
2. 查阅资料，了解除数控铣床/加工中心以外的其他数控设备。

任务下发人：

日期： 年 月 日

任务执行人：

日期： 年 月 日

1.2　引导文

适用专业:数控、机制、模具、机电等机械相关专业				适用年级	
任务名称:数控铣床/加工中心基本知识				任务编号	
班 级		姓 名		组别		日 期	

一、明确任务目的

1. 熟悉数控铣床/加工中心的操作规程。

2. 了解实训的数控铣床/加工中心所采用的数控系统功能。

3. 熟悉数控铣床/加工中心的操作面板、控制面板和软键功能,能够进行简单的手动操作。

4. 掌握数控铣床/加工中心基本操作。

5. 熟悉数控铣床/加工中心的日常维护和保养。

6. 遵守 6S 现场管理的相关规定。

二、引导问题

1. 开机后为什么要回参考点?

2. 简述对安全文明生产的认识情况。

3. 机床润滑保养是否有必要? 具体措施有哪些?

4. 简述程序建立和删除步骤。

三、引导任务实施

1. 根据 1.1 任务单简述数控铣床/加工中心各按键的功能。

2. 掌握数控铣床/加工中心的基本操作方法。

3. 熟悉数控铣床/加工中心的操作规程及日常维护保养。

4. 常见故障报警有哪些？如何解决？

四、评价

小组讨论设计本小组的学习评价表，相互评价，最后给出小组成员的得分：

任务学习的其他说明或建议：

指导老师评语：

任务执行人签字：

日期：　年　月　日

指导老师签字：

日期：　年　月　日

1.3　6S和现场操作评分表

项目名称			日　期			
姓　名			组　号			
考核项目		考核内容	自我评价 （×10%）	班组评价 （×30%）	教师评价 （×60%）	得　分
职业素养	纪律 （20分）	认真学习，不迟到早退，服从安排，违反一项扣1～3分				
	安全文明生产 （20分）	安全着装，按要求操作机床，违反一项扣1～3分				
	职业规范 （20分）	爱护设备、量具，实训中工具、量具、刀具摆放整齐，机床加油、清洁。违反一项扣1～3分				
	现场要求 （20分）	不玩手机，不大声喧哗，不打闹，课后清扫地面、设备、清理现场。违反一项扣1～3分				
	任务掌握 （20分）	对任务进行认知考核，错误一次扣1～3分				
	人伤械损事故	若出现人伤械损事故，整个项目成绩记0分				
总　分						
备　注 （现场未尽事项记录）						
教师签字			学生签字			

项目二 数控铣床/加工中心对刀操作

2.1 任务单

适用专业:数控、机制、模具、机电等机械相关专业		适用年级	
任务名称:数控铣床/加工中心对刀操作		任务编号	
班级		姓名		组别		日期	

一、任务描述

1. 熟练掌握数控铣床/加工中心的刀具和工件的装夹。

2. 能够独立地对刀,进行参数计算以及半径补偿参数的设置和验证。

3. 能够熟练地进行程序输入、编辑以及自动加工等操作。

图 2-1 数控铣床/加工中心对刀原理

二、相关资料及资源

相关资料:

1. 教材《数控加工实训》。

2. 教学课件。

相关资源:

1. 数控铣床/加工中心。

2. 教学课件。

三、任务实施说明

1. 学生分组,每小组 3～5 人。
2. 小组进行任务分析。
3. 查阅资料。
4. 现场教学。
5. 小组讨论数控铣床/加工中心操作时应注意的安全事项及任务的重点难点。
6. 小组合作,进行数控铣床/加工中心对操作讲解练习,小组成员补充优化。
7. 角色扮演,分小组进行讲解演示。
8. 完成 2.2 引导文相关内容。

四、注意事项

1. 注意对刀前必须确定机床已经回过参考点以及机床无任何报警。
2. 注意不管是用寻边器对刀,还是用立铣刀直接对刀,都必须注意寻边器或立铣刀在退出时的移动方向,一旦移错方向,就有可能切废工件、折断刀具或将寻边器损坏。
3. 注意安全文明操作。
4. 注意对刀参数一定要准确输入,确保对刀准确。
5. 遇到问题时小组进行讨论,老师可以参与讨论,通过团队合作使问题得到解决。
6. 注意对数控铣床/加工中心的日常维护和保养。
7. 培养学生遵守 6S 相关规定。

五、知识拓展

1. 通过查找资料等方式,了解数控铣床/加工中心的其他对刀方法。
2. 查阅资料,了解除数控铣床/加工中心以外的其他数控设备对刀方法。

任务下发人:	
	日期: 年 月 日
任务执行人:	
	日期: 年 月 日

2.2 引导文

适用专业:数控、机制、模具、机电等机械相关专业				适用年级			
任务名称:数控铣床/加工中心对刀操作				任务编号			
班 级		姓 名		组 别		日 期	

一、明确任务目的

1. 熟悉数控铣床/加工中心的工件的安装。
2. 了解数控铣床/加工中心常用刀具的选用及使用方法。
3. 掌握数控铣床/加工中心的对刀方法及步骤。
4. 了解常用量具的选择和使用方法。
5. 遵守 6S 现场管理的相关规定。

二、引导问题

1. 为什么要进行对刀操作?

2. 数控铣床/加工中心常用辅具有哪些?

3. 简述刀具、工件装夹时应该注意的问题。

4. 简述对刀操作步骤。

三、引导任务实施

1. 简述平口钳的安装步骤。

2. 详述零件装夹步骤及注意事项。

3. 常用的铣刀类型有哪些？

4. 简述寻边器 Z 轴设定器对刀原理。

四、评价

小组讨论设计本小组的学习评价表,相互评价,最后给出小组成员的得分:

任务学习的其他说明或建议:

指导老师评语:

任务执行人签字:

日期: 年 月 日

指导老师签字:

日期: 年 月 日

2.3 6S 和现场操作评分表

项目名称			日　　期		
姓　　名			组　　号		

	考核项目	考核内容	自我评价（×10%）	班组评价（×30%）	教师评价（×60%）	得分
职业素养	纪律（20分）	认真学习，不迟到早退，服从安排，违反一项扣 1～3 分				
	安全文明生产（20分）	安全着装，按要求操作机床，违反一项扣 1～3 分				
	职业规范（20分）	爱护设备、量具，实训中工具、量具、刀具摆放整齐，机床加油、清洁。违反一项扣 1～3 分				
	现场要求（20分）	不玩手机，不大声喧哗，不打闹，课后清扫地面、设备，清理现场。违反一项扣 1～3 分				
	对刀操作考核（20分）	在规定时间内准确完成对刀操作，根据现场情况扣分				
	人伤械损事故	若出现人伤械损事故，整个项目成绩记 0 分				
		总　　分				
备　注（现场未尽事项记录）						
教师签字			学生签字			

项目三 槽、内型腔零件加工

3.1 任务单

适用专业:数控、机制、模具、机电等机械相关专业			适用年级	
任务名称:槽、内型腔零件加工			任务编号	
班级	姓名	组别		日期

一、任务描述

1. 按照图 3-1 完成此工序的各项工作(选择刀具、零件装夹方式),毛坯尺寸 100mm×100mm×30mm。

2. 按照图 3-1 完成编制加工工序的各项工作(建立工件坐标系、计算节点坐标、绘图、选择切削用量、设置切削参数、编制程序、输入程序)。

3. 按照图 3-1 依次完成加工的各项工作(操作数控铣床/加工中心、安装调整刀具、安装校正零件、对刀操作、首件试切、检测零件、调试加工程序等)。

图 3-1 槽、内型腔零件加工图

二、相关资料及资源

相关资料：

1. 教材《数控加工实训》。

2. 教学课件。

相关资源：

1. 数控铣床、各种刀具、量具。

2. 教学课件。

3. 阅 3.2 引导文。

三、任务实施说明

1. 学生分组，每小组 3～5 人。

2. 小组进行任务分析。

3. 资料学习。

4. 现场教学。

5. 小组讨论铣削工件时应注意的安全事项及任务的重点难点。

6. 小组合作，进行工件铣削操作讲解练习，小组成员补充优化。

7. 角色扮演，分小组进行讲解演示。

8. 完成 3.2 引导文相关内容。

四、注意事项

1. 注意加工时应选择正确的站位和操作手势，密切注意加工情况，随时准备处理突发情况。

2. 注意调整进给修调开关和主轴倍率开关，提高工件表面质量。

3. 注意铣削加工后，需用锉刀去除毛刺。

4. 遇到问题时小组进行讨论，老师可以参与讨论，通过团队合作使问题得到解决。

5. 培养学生遵守 6S 相关规定。

五、知识拓展

1. 通过查找资料等方式，了解数控铣床的铣削原理和切削用量的选择。

2. 查阅资料，了解型腔类零件的加工工艺方法。

任务下发人：	
	日期： 年 月 日
任务执行人：	
	日期： 年 月 日

3.2　引导文

适用专业:数控、机制、模具、机电等机械相关专业		适用年级	
任务名称:槽、内型腔零件加工		任务编号	
班级	姓名	组别	日期

一、明确任务目的

1. 了解和掌握槽、内型腔零件加工结构编程的基本结构。
2. 能合理地选择切削用量。
3. 掌握各种槽、内型腔零件加工方法。
4. 正确使用量具测量工件。
5. 遵守 6S 现场管理的相关规定。

二、引导问题

1. 在加工过程中遇到哪些问题以及如何解决这些问题?

2. 试分析所加工零件误差产生的原因及消除办法。

三、引导任务实施

1. 根据 3.1 任务单给出的零件图,对零件的加工工艺进行分析。

2. 根据 3.1 任务单给出的零件图，制定加工工艺方案。

3. 根据 3.1 任务单给出的零件图，填写零件加工工序卡。

四、评价

小组讨论设计本小组的学习评价表，相互评价，最后给出小组成员的得分：

任务学习的其他说明或建议：

指导老师评语：

任务执行人签字：

日期： 年 月 日

指导老师签字：

日期： 年 月 日

3.3 加工工序卡

型腔类零件加工工序卡				产品名称	零件名称	零件图号
工序号	工步内容	材料	数量	夹具名称	使用设备	实训室

工步号	工步内容	切削用量			刀具		量具	
		n (r/min)	f (mm/r)	a_p (mm)	刀号	名称	名称	规格

编制		审核		批准		共 页	第 页

3.4　加工程序单

3.5 6S 和现场操作评分表

项目名称			日　期			
姓　　名			组　号			
	考核项目	考核内容	自我评价 （×10％）	班组评价 （×30％）	教师评价 （×60％）	得　分
职业素养	纪律 （20分）	认真学习,不迟到早退,服从安排,违反一项扣1~3分				
	安全文明生产 （20分）	安全着装,按要求操作机床,违反一项扣1~3分				
	职业规范 （20分）	爱护设备、量具,实训中工具、量具、刀具摆放整齐,机床加油、清洁。违反一项扣1~3分				
	现场要求 （20分）	不玩手机,不大声喧哗,不打闹,课后清扫地面、设备,清理现场。违反一项扣1~3分				
	工件加工考核 （20分）	在规定时间内准确完成对刀操作,根据现场情况扣分				
	人伤械损事故	若出现人伤械损事故,整个项目成绩记0分				
	总　分					
备　注 （现场未尽事项记录）						
教师签字			学生签字			

3.6 零件检测评分表

零件名称			工件编号		
零件图					

序号	考核项目	配分	评分标准	检测结果	得分
1	$30 \times 30^{+0.1}_{0}$	25	超差 0.01 扣 2 分		
2	$10^{+0.1}_{0}$	20	超差 0.02 扣 2 分		
3	$14^{+0.1}_{0}$	10			
4	$3^{+0.1}_{0}$	5	不合格全扣		
5	$2^{+0.1}_{0}$	5	不合格全扣		
6	倒角	5	不合格全扣		
7	安全文明生产		按有关规定,每违反一项从总分中扣 1~10 分,发生重大事故取消考试资格		
8	程序编制		①程序要完整,连续加工。②加工中有违反数控工艺,视情况酌情扣分。③扣分不超过 10 分		
9	其他项目		①工件必须完整,工件局部无缺陷(夹伤等)。②扣分不超过 10 分		
10	加工时间	额定时间	分钟,延时扣分		
11			工件总得分		
12	考试签名:			考评员签名:	

项目四　复杂零件加工

4.1　任务单

适用专业:数控、机制、模具、机电等机械相关专业		适用年级	
任务名称:复杂零件加工		任务编号	
班级	姓名	组别	日期

一、任务描述

1. 按照图 4-1 完成此工序的各项工作(选择刀具、零件装夹方式),毛坯尺寸 100mm×100mm×30mm。

2. 按照图 4-1 完成编制加工工序的各项工作(建立工件坐标系、计算节点坐标、绘图、选择切削用量、设置切削参数、编制程序、输入程序)。

3. 按照图 4-1 依次完成加工的各项工作(操作数控铣床/加工中心、安装调整刀具、安装校正零件、对刀操作、首件试切、检测零件、调试加工程序等)。

图 4-1　槽、复杂零件加工图

二、相关资料及资源

相关资料：

1. 教材《数控加工实训》。
2. 教学课件。

相关资源：

1. 数控铣床、各种刀具、量具。
2. 教学课件。
3. 阅 4.2 引导文。

三、任务实施说明

1. 学生分组，每小组 3～5 人。
2. 小组进行任务分析。
3. 资料学习。
4. 现场教学。
5. 小组讨论铣削工件时应注意的安全事项及任务的重点难点。
6. 小组合作，进行工件铣削操作讲解练习，小组成员补充优化。
7. 角色扮演，分小组进行讲解演示。
8. 完成 4.2 引导文相关内容。

四、注意事项

1. 注意加工时应选择正确的站位和操作手势，密切注意加工情况，随时准备处理突发情况。
2. 注意调整进给修调开关和主轴倍率开关，提高工件表面质量。
3. 注意铣削加工后，需用锉刀去除毛刺。
4. 遇到问题时小组进行讨论，老师可以参与讨论，通过团队合作使问题得到解决。
5. 培养学生遵守 6S 相关规定。

五、知识拓展

1. 通过查找资料等方式，了解数控铣床的铣削原理和切削用量的选择。
2. 查阅资料，了解型复杂零件的加工工艺方法。

任务下发人：
日期： 年 月 日

任务执行人：
日期： 年 月 日

4.2 引导文

适用专业：数控、机制、模具、机电等机械相关专业			适用年级	
任务名称：复杂零件加工			任务编号	
班级		姓名	组别	日期

一、明确任务目的

1. 了解和掌握复杂零件加工结构编程的基本结构。

2. 能合理地选择切削用量。

3. 掌握各种复杂零件加工方法。

4. 正确使用量具测量工件。

5. 遵守 6S 现场管理的相关规定。

二、引导问题

1. 在加工过程中遇到哪些问题以及如何解决这些问题？

2. 试分析所加工零件误差产生的原因及消除办法。

三、引导任务实施

1. 根据 4.1 任务单给出的零件图，对零件的加工工艺进行分析。

2. 根据 4.1 任务单给出的零件图,制定加工工艺方案。

3. 根据 4.1 任务单给出的零件图,填写零件加工工序卡。

四、评价

小组讨论设计本小组的学习评价表,相互评价,最后给出小组成员的得分:

任务学习的其他说明或建议:

指导老师评语:

任务执行人签字:

日期: 年 月 日

指导老师签字:

日期: 年 月 日

4.3　加工工序卡

复杂零件工序卡						产品名称	零件名称	零件图号
工序号	工步内容	材料	数量			夹具名称	使用设备	实训室

工步号	工步内容	切削用量			刀具		量具	
		n (r/min)	f (mm/r)	a_p (mm)	刀号	名称	名称	规格
编制		审核		批准		共 页		第 页

4.4 加工程序单

4.5 6S 和现场操作评分表

项目名称			日　　期		
姓　　名			组　　号		

	考核项目	考核内容	自我评价（×10%）	班组评价（×30%）	教师评价（×60%）	得　分
职业素养	纪律（20分）	认真学习，不迟到早退，服从安排，违反一项扣1～3分				
	安全文明生产（20分）	安全着装，按要求操作机床，违反一项扣1～3分				
	职业规范（20分）	爱护设备、量具，实训中工具、量具、刀具摆放整齐，机床加油、清洁。违反一项扣1～3分				
	现场要求（20分）	不玩手机，不大声喧哗，不打闹，课后清扫地面、设备，清理现场。违反一项扣1～3分				
	工件加工考核（20分）	在规定时间内准确完成对刀操作，根据现场情况扣分				
	人伤械损事故	若出现人伤械损事故，整个项目成绩记0分				
	总　　分					

备　　注（现场未尽事项记录）	
教师签字	学生签字

4.6 零件检测评分表

零件名称			工件编号		

序号	考核项目	配分	评分标准	检测结果	得分
1	$76^{+0.05}_{-0.05}$	25	超差0.01扣2分		
2	$35^{+0.05}_{0}$	20	超差0.02扣2分		
3	$32^{+0.05}_{0}$	10			
4	4-R30	10	不合格全扣		
5	$8^{0}_{-0.1}$	10	不合格全扣		
6	$6^{+0.05}_{0}$	5	不合格全扣		
7	$4^{+0.05}_{0}$	5	不合格全扣		
8	$2^{+0.05}_{0}$	5	不合格全扣		
9	倒角	5	不合格全扣		
10	安全文明生产	按有关规定,每违反一项从总分中扣1~10分,发生重大事故取消考试资格			
11	程序编制	①程序要完整,连续加工。②加工中有违反数控工艺,视情况酌情扣分。③扣分不超过10分			
12	其他项目	①工件必须完整,工件局部无缺陷(夹伤等)。②扣分不超过10分			
13	加工时间	额定时间　　　分钟,延时扣分			
14	工件总得分				
15	考试签名:		考评员签名:		

项目五　配合件加工

5.1　任务单

适用专业:数控、机制、模具、机电等机械相关专业			适用年级		
任务名称:配合件加工			任务编号		
班级		姓名		组别	日期

一、任务描述

1. 按照图5-1完成此工序的各项工作(选择刀具、零件装夹方式),毛坯尺寸100mm×100mm×30mm。

2. 按照图5-1完成编制加工工序的各项工作(建立工件坐标系、计算节点坐标、绘图、选择切削用量、设置切削参数、编制程序、输入程序)。

3. 按照图5-1依次完成加工的各项工作(操作数控铣床/加工中心、安装调整刀具、安装校正零件、对刀操作、首件试切、检测零件、调试加工程序等)。

图5-1　配合件加工图

二、相关资料及资源

相关资料：

1. 教材《数控加工实训》。

2. 教学课件。

相关资源：

1. 数控铣床、各种刀具、量具。

2. 教学课件。

3. 阅 5.2 引导文。

三、任务实施说明

1. 学生分组，每小组 3～5 人。

2. 小组进行任务分析。

3. 资料学习。

4. 现场教学。

5. 小组讨论铣削工件时应注意的安全事项及任务的重点难点。

6. 小组合作，进行工件铣削操作讲解练习，小组成员补充优化。

7. 角色扮演，分小组进行讲解演示。

8. 完成 5.2 引导文相关内容。

四、注意事项

1. 注意加工时应选择正确的站位和操作手势，密切注意加工情况，随时准备处理突发情况。

2. 注意调整进给修调开关和主轴倍率开关，提高工件表面质量。

3. 注意铣削加工后，需用锉刀去除毛刺。

4. 遇到问题时小组进行讨论，老师可以参与讨论，通过团队合作使问题得到解决。

5. 培养学生遵守 6S 相关规定。

五、知识拓展

1. 通过查找资料等方式，了解数控铣床的铣削原理和切削用量的选择。

2. 查阅资料，了解型复杂零件的加工工艺方法。

任务下发人：
日期： 年 月 日
任务执行人：
日期： 年 月 日

5.2　引导文

适用专业:数控、机制、模具、机电等机械相关专业				适用年级		
任务名称:配合件加工				任务编号		
班级		姓名		组别		日期

一、明确任务目的

1. 了解和掌握配合件加工结构编程的基本结构。
2. 能合理地选择切削用量。
3. 掌握各种配合件加工方法。
4. 正确使用量具测量工件。
5. 遵守 6S 现场管理的相关规定。

二、引导问题

1. 在加工过程中遇到哪些问题以及如何解决这些问题?

2. 试分析所加工零件误差产生的原因及消除办法。

三、引导任务实施

1. 根据 5.1 任务单给出的零件图,对零件的加工工艺进行分析。

2. 根据 5.1 任务单给出的零件图,制定加工工艺方案。

3. 根据 5.1 任务单给出的零件图,填写零件加工工序卡。

四、评价

小组讨论设计本小组的学习评价表,相互评价,最后给出小组成员的得分:

任务学习的其他说明或建议:

指导老师评语:

任务执行人签字:

日期: 年 月 日

指导老师签字:

日期: 年 月 日

5.3 加工工序卡

配合零件工序卡						产品名称	零件名称	零件图号
工序号	工步内容	材料	数量			夹具名称	使用设备	实训室
工步号	工步内容	切削用量			刀具		量具	
		n (r/min)	f (mm/r)	a_p (mm)	刀号	名称	名称	规格
编制		审核		批准		共 页		第 页

5.4　加工程序单

5.5 6S 和现场操作评分表

项目名称			日　　期			
姓　　名			组　　号			
职业素养	考核项目	考核内容	自我评价（×10%）	班组评价（×30%）	教师评价（×60%）	得分
	纪律（20分）	认真学习，不迟到早退，服从安排，违反一项扣1～3分				
	安全文明生产（20分）	安全着装，按要求操作机床，违反一项扣1～3分				
	职业规范（20分）	爱护设备、量具，实训中工具、量具、刀具摆放整齐，机床加油、清洁。违反一项扣1～3分				
	现场要求（20分）	不玩手机，不大声喧哗，不打闹，课后清扫地面、设备，清理现场。违反一项扣1～3分				
	工件加工考核（20分）	在规定时间内准确完成对刀操作，根据现场情况扣分				
	人伤械损事故	若出现人伤械损事故，整个项目成绩记0分				
		总　　分				
备　注（现场未尽事项记录）						
教师签字			学生签字			

5.6 零件检测评分表

序号	考核项目	配分	评分标准	检测结果	得分
1	配合间隙 0.05	25	不合格全扣		
2	接触面积 85％	20	不合格全扣		
3	$66_{-0.04}^{0}$	5			
4	$\phi 50_{-0.04}^{0}$	5	不合格全扣		
5	$2_{0}^{+0.04}$	5	不合格全扣		
6	$4_{0}^{+0.04}$	5	不合格全扣		
7	倒角	5	不合格全扣		
8	安全文明生产	按有关规定,每违反一项从总分中扣1~10分,发生重大事故取消考试资格			
9	程序编制	①程序要完整,连续加工。②加工中有违反数控工艺,视情况酌情扣分。③扣分不超过10分			
10	其他项目	①工件必须完整,工件局部无缺陷(夹伤等)。②扣分不超过10分			
11	加工时间	额定时间　　　分钟,延时扣分			
12		工件总得分			
13	考试签名:		考评员签名:		

第 3 篇 数控线切割

项目一 数控线切割基本知识

1.1 任务单

适用专业:数控、机制、模具、机电等机械相关专业		适用年级	
任务名称:数控线切割基本知识		任务编号	
班 级	姓 名	组 别	日 期

一、任务描述

1. 了解数控实训中心的规章制度及数控线切割操作规程。

2. 了解数控线切割相关知识及维护保养。

3. 掌握数控线切割的基本操作及工量具的使用方法。

图 1-1 数控线切割机床结构

二、相关资料及资源

相关资料:

教材《数控加工实训》。

教学课件。

相关资源:

数控线切割。

教学课件。

三、任务实施说明

1. 学生分组,每小组 3~5 人。

2. 小组进行任务分析。

3. 查阅资料。

4. 现场教学。

5. 小组讨论数控线切割操作时应注意的安全事项及任务的重点难点。

6. 小组合作,进行数控线切割操作讲解练习,小组成员补充优化。

7. 角色扮演,分小组进行讲解演示。

8. 完成数控线切割基本操作及引导文相关内容的填写。

四、注意事项

1. 注意观察数控线切割的结构和工作原理。

2. 注意掌握数控线切割的各建功能和操作方法。

3. 注意安全文明操作。

4. 遇到问题时小组进行讨论,老师可以参与讨论,通过团队合作使问题得到解决。

5. 注意对数控线切割的日常维护和保养。

6. 培养学生遵守 6S 相关规定。

五、知识拓展

1. 通过查找资料等方式,了解数控线切割的种类、加工范围以及发展现状。

2. 查阅资料,了解除数控线切割以外的其他数控设备。

任务下发人:	
	日期: 年 月 日
任务执行人:	
	日期: 年 月 日

1.2　引导文

适应专业:数控、机制、模具、机电等机械相关专业		适用年级		
任务名称:数控线切割基本知识		任务编号		
班　级	姓　名	组　别	日　期	

一、明确任务目的

1. 熟悉数控线切割的操作规程。
2. 了解实训的数控机床所采用的数控系统功能。
3. 熟悉数控线切割的操作面板、控制面板和软键功能,能够进行简单的手动操作。
4. 掌握数控线切割基本操作。
5. 熟悉数控线切割的日常维护和保养。
6. 遵守 6S 现场管理的相关规定。

二、引导问题

1. 数控线切割机床的用途?

2. 对安全文明生产的认识情况。

3. 机床润滑保养是否有必要?具体措施有哪些?

4. 简述程序建立和删除步骤。

三、引导任务实施

1. 简述数控线切割的加工原理。

2. 简述数控线切割的结构组成及各部位的功用。

3. 掌握数控线切割的分类有哪些？

4. 数控线切割的性能特点有哪些？

5. 简述数控线切割的机床参数。

6. 熟悉数控线切割的操作规程及日常维护保养。

四、评价

小组讨论设计本小组的学习评价表，相互评价，最后给出小组成员的得分：

任务学习的其他说明或建议：

指导老师评语：

任务执行人签字：

日期： 年 月 日

指导老师签字：

日期： 年 月 日

1.3　6S和现场操作评分表

项目名称			日　期			
姓　名			组　号			
考核项目		考核内容	自我评价（×10%）	班组评价（×30%）	教师评价（×60%）	得分
职业素养	纪律（20分）	认真学习，不迟到早退，服从安排，违反一项扣1~3分				
	安全文明生产（20分）	安全着装，按要求操作机床，违反一项扣1~3分				
	职业规范（20分）	爱护设备、量具，实训中工具、量具、刀具摆放整齐，机床加油、清洁。违反一项扣1~3分				
	现场要求（20分）	不玩手机，不大声喧哗，不打闹，课后清扫地面、设备，清理现场。违反一项扣1~3分				
	任务掌握（20分）	对任务进行认知考核，错误一次扣1~3分				
	人伤械损事故	若出现人伤械损事故，整个项目成绩记0分				
总　分						
备　注（现场未尽事项记录）						
教师签字			学生签字			

项目二　数控线切割机床基本操作

2.1　任务单

适应专业：数控、机制、模具、机电等机械相关专业				适用年级	
任务名称：数控线切割对刀操作				任务编号	
班　级		姓　名		组　别		日　期	

一、任务描述

1. 熟练操作线切割机床的界面各功用。

2. 熟练掌握数控线切割工件的装夹方法。

3. 能够独立地对丝，进行参数计算以及半径补偿参数的设置和验证。

4. 能够熟练地进行程序输入、编辑以及自动加工等操作。

图 3-2-1　数控线切割开机界面

二、相关资料及资源

相关资料：

1. 教材《数控加工实训》。

2. 教学课件。

相关资源：

1. 数控线切割。

2. 教学课件。

三、任务实施说明

1. 学生分组,每小组 3～5 人。

2. 小组进行任务分析。

3. 查阅资料。

4. 现场教学。

5. 小组讨论数控线切割对刀时应注意的安全事项及任务的重点难点。

6. 小组合作,进行数控线切割对操作讲解练习,小组成员补充优化。

7. 角色扮演,分小组进行讲解演示。

8. 完成引导文相关内容。

四、注意事项

1. 注意对丝前必须确定掌握机床的坐标方向以及确定机床无任何故障。

2. 注意不管是用对丝块对丝,还是用目测法对丝,都必须注意丝在退出时的移动方向,一旦移错方向,就有可能切废工件、断丝。一定要注意安全文明操作。

3. 注意加工电参数一定要准确输入,确保与所加工工作相匹配。

4. 遇到问题时小组进行讨论,老师可以参与讨论,通过团队合作使问题得到解决。

5. 注意对数控线切割的日常维护和保养。

6. 培养学生遵守 6S 相关规定。

五、知识拓展

1. 通过查找资料等方式,了解数控线切割的其他对丝方法。

2. 查阅资料,了解除数控线切割以外的其他数控设备对丝方法。

任务下发人:

日期: 年 月 日

任务执行人:

日期: 年 月 日

2.2 引导文

适应专业:数控、机制、模具、机电等机械相关专业				适用年级		
任务名称:数控线切割对刀操作				任务编号		
班 级		姓 名		组 别		日 期

一、明确任务目的

1. 熟悉数控线切割的工件的安装。

2. 了解数控线切割常用丝和冷却液的选用及使用方法。

3. 掌握数控线切割的一般对丝方法及步骤。

4. 了解常用量具的选择和使用方法。

5. 遵守 6S 现场管理的相关规定。

二、引导问题

1. 简述线切割机床面板按键各功用。

2. 线切割加工零件常用的装夹方式有哪几种?

3. 工件装夹时应该注意的问题。

4. 简述对丝操作步骤。

三、引导任务实施

1. 简述数控线切割编程方法。

2. 掌握数控线切割的对丝操作方法。

3. 熟悉常用量具的使用方法。

四、评价

小组讨论设计本小组的学习评价表,相互评价,最后给出小组成员的得分:

任务学习的其他说明或建议:

指导老师评语:

任务执行人签字:

日期: 年 月 日

指导老师签字:

日期: 年 月 日

2.3　6S 和现场操作评分表

项目名称			日　　期		
姓　　名			组　　号		

	考核项目	考核内容	自我评价（×10%）	班组评价（×30%）	教师评价（×60%）	得　分
职业素养	纪律（20分）	认真学习，不迟到早退，服从安排，违反一项扣1～3分				
	安全文明生产（20分）	安全着装，按要求操作机床，违反一项扣1～3分				
	职业规范（20分）	爱护设备、量具，实训中工具、量具、刀具摆放整齐，机床加油、清洁。违反一项扣1～3分				
	现场要求（20分）	不玩手机，不大声喧哗，不打闹，课后清扫地面、设备，清理现场。违反一项扣1～3分				
	对刀操作考核（20分）	在规定时间内准确完成对刀操作，根据现场情况扣分				
	人伤械损事故	若出现人伤械损事故，整个项目成绩记0分				
总　　分						
备　注（现场未尽事项记录）						
教师签字			学生签字			

项目三 凸模类零件加工

3.1 任务单

适应专业:数控、机制、模具、机电等机械相关专业		适用年级	
任务名称:凸模类零件加工		任务编号	
班 级	姓 名	组 别	日 期

一、任务描述

1. 按照图 3-1 完成此零件加工前的各项准备工作(检查机床正常运转情况等)毛坯尺寸 90mm×60mm。

2. 按照图 3-1 完成编制线切割加工工序的各项工作(建立工件坐标系、计算节点坐标、绘图、偏移量设置、程序编制、输入程序、选择切削用量、设置切削参数)。

3. 按照图 3-1 依次完成线切割加工的各项工作(操作数控线切割机床、安装校正零件丝、安装调整工件、对丝操作、首件试切、检测零件、调试加工程序等)。

图 3-1 凸模样板零件加工图

二、相关资料及资源

相关资料:

1. 教材《数控加工实训》。

2. 教学课件。

相关资源:

1. 数控线切割、各种刀具、量具。

2. 教学课件。

3. 阅 3.2 引导文。

三、任务实施说明

1. 学生分组,每小组 3~5 人。

2. 小组进行任务分析。

3. 资料学习。

4. 现场教学。

5. 小组讨论线切割加工工件时应注意的安全事项及任务的重点难点。

6. 小组合作,进行工件线切割加工操作讲解练习,小组成员补充优化。

7. 角色扮演,分小组进行讲解演示。

8. 完成 3.2 引导文相关内容。

四、注意事项

1. 注意加工时应选择正确的站位和操作手势,密切注意加工情况,随时准备处理突发情况。

2. 注意调整进给修调开关和各参数开关,确保加工稳定,提高工件表面质量。

3. 注意线切割加工后,需用煤油去除切割面的电腐蚀产物。

4. 遇到问题时小组进行讨论,老师可以参与讨论,通过团队合作使问题得到解决。

5. 培养学生遵守 6S 相关规定。

五、知识拓展

1. 通过查找资料等方式,了解数控线切割的加工原理和各切削参数的选择。

2. 查阅资料,了解凸模类零件的加工工艺方法。

任务下发人:	
	日期: 年 月 日
任务执行人:	
	日期: 年 月 日

3.2　引导文

适应专业:数控、机制、模具、机电等机械相关专业			适用年级	
任务名称:凸模类零件加工			任务编号	
班　级	姓　名	组　别	日　期	

一、明确任务目的

1. 了解和掌握凸模类零件的结构和编程的基本结构。

2. 能合理地选择各切削参数。

3. 掌握各种凸模类零件加工方法。

4. 正确使用量具测量工件。

5. 遵守 6S 现场管理的相关规定。

二、引导问题

1. 在加工过程中遇到哪些问题以及如何解决这些问题?

2. 试分析所加工零件误差产生的原因及消除办法。

三、引导任务实施

1. 根据 3.1 任务单给出的零件图,对零件的加工工艺进行分析。

2. 根据 3.1 任务单给出的零件图,制定加工工艺方案。

3. 根据 3.1 任务单给出的零件图,填写零件加工任务单。

4. 根据 3.1 任务单给出的零件图,编写零件加工程序。

四、评价

小组讨论设计本小组的学习评价表,相互评价,最后给出小组成员的得分:

任务学习的其他说明或建议:

指导老师评语:

任务执行人签字:

日期: 年 月 日

指导老师签字:

日期: 年 月 日

3.3 凸模零件加工材料工具清单

类别	名称	型号	数量	作用
仪器仪表				
工具				
元器件				
软件				

3.4　凸模类零件加工计划表

学习班级				
团队负责人				
团队成员				
序号	内容	人员分工	预计完成时间	实际工作情况记录
1				
2				
3				
4				
5				
6				
学生确认			日期	

3.5 凸模类零件加工程序单

3.6 6S 和现场操作评分表

项目名称			日　期		
姓　名			组　号		

	考核项目	考核内容	自我评价 （×10％）	班组评价 （×30％）	教师评价 （×60％）	得　分
职业素养	纪律 （20分）	认真学习,不迟到早退,服从安排,违反一项扣1～3分				
	安全文明生产 （20分）	安全着装,按要求操作机床,违反一项扣1～3分				
	职业规范 （20分）	爱护设备、量具,实训中工具、量具、刀具摆放整齐,机床加油、清洁。违反一项扣1～3分				
	现场要求 （20分）	不玩手机,不大声喧哗,不打闹,课后清扫地面、设备,清理现场。违反一项扣1～3分				
	工件加工考核 （20分）	在规定时间内准确完成对刀操作,根据现场情况扣分				
	人伤械损事故	若出现人伤械损事故,整个项目成绩记0分				
总　分						

备　注 （现场未尽事项记录）	
教师签字	学生签字

3.7 零件检测评分表

零件名称		工件编号		
零件图				

序号	考核项目		配分	评分标准	检测结果	得分
1	60		25	超差 0.01 扣 2 分		
2	30		20	超差 0.02 扣 2 分		
3	R25		10	不合格全扣		
4	表面粗糙度		5	不合格全扣		
5	安全文明生产		按有关规定,每违反一项从总分中扣 1~10 分,发生重大事故取消考试资格			
6	程序编制		①程序要完整,连续加工。②加工中有违反数控工艺,视情况酌情扣分。③扣分不超过 10 分			
7	其他项目		①工件必须完整,工件局部无缺陷(夹伤等)。②扣分不超过 10 分			
8	加工时间	额定时间	分钟,延时扣分			
9			工件总得分			
10	考试签名: 　日期: 年 月 日			考评员签名: 　日期: 年 月 日		

项目四　凹模类零件加工

4.1　任务单

适应专业：数控、机制、模具、机电等机械相关专业			适用年级	
任务名称：凹模类零件加工			任务编号	
班级	姓名		组别	日期

一、任务描述

1. 按照图 4-1 完成此零件加工前的各项准备工作（检查机床正常运转情况等）毛坯尺寸 260mm×180mm。

2. 按照图 4-1 完成编制线切割加工工序的各项工作（建立工件坐标系、计算节点坐标、绘图、偏移量设置、程序编制、输入程序、选择切削用量、设置切削参数）。

3. 按照图 4-1 依次完成线切割加工的各项工作（操作数控线切割机床、安装校正零件丝、安装调整工件、对丝操作、首件试切、检测零件、调试加工程序等）。

图 4-1　凹模样板零件加工图

二、相关资料及资源

相关资料：

1. 教材《数控加工实训》。

2. 教学课件。

相关资源：

1. 数控线切割、各种刀具、量具。

2. 教学课件。

3. 阅 4.2 引导文。

三、任务实施说明

1. 学生分组,每小组 3～5 人。

2. 小组进行任务分析。

3. 资料学习。

4. 现场教学。

5. 小组讨论线切割加工工件时应注意的安全事项及任务的重点难点。

6. 小组合作,进行工件线切割加工操作讲解练习,小组成员补充优化。

7. 角色扮演,分小组进行讲解演示。

8. 完成 4.2 引导文相关内容。

四、注意事项

1. 注意加工时应选择正确的站位和操作手势,密切注意加工情况,随时准备处理突发情况。

2. 注意调整进给修调开关和各参数开关,确保加工稳定,提高工件表面质量。

3. 注意线切割加工后,需用煤油去除切割面的电腐蚀产物。

4. 遇到问题时小组进行讨论,老师可以参与讨论,通过团队合作使问题得到解决。

5. 培养学生遵守 6S 相关规定。

五、知识拓展

1. 通过查找资料等方式,了解数控线切割的加工原理和各切削参数的选择。

2. 查阅资料,了解凹模类零件的加工工艺方法。

任务下发人:	
	日期: 年 月 日
任务执行人:	
	日期: 年 月 日

4.2 引导文

适应专业:数控、机制、模具、机电等机械相关专业			适用年级		
任务名称:凹模类零件加工			任务编号		
班 级		姓 名		组 别	日 期

一、明确任务目的

1. 了解和掌握凹模类零件的结构和编程的基本结构。
2. 能合理地选择各切削参数。
3. 掌握各种凹模类零件加工方法。
4. 正确使用量具测量工件。
5. 遵守 6S 现场管理的相关规定。

二、引导问题

1. 什么是凹模类零件?

2. 凹模类零件加工时,入丝点和退丝点如何选择?

3. 穿丝孔如何设置和加工?

4. 穿丝孔如何找中心?

5. 如何分析凹模类零件的加工误差?

6. 电极丝张紧力如何调整?

7. 加工中短路的原因有哪些?

三、引导任务实施

1. 根据 4.1 任务单给出的零件图,对零件的加工工艺进行分析。

2. 根据 4.1 任务单给出的零件图,制定加工工艺方案。

3. 根据 4.1 任务单给出的零件图,填写零件加工任务单。

4. 根据 4.1 任务单给出的零件图,编写零件加工程序。

四、评价

小组讨论设计本小组的学习评价表,相互评价,最后给出小组成员的得分:

任务学习的其他说明或建议:

指导老师评语:

任务执行人签字:

日期: 年 月 日

指导老师签字:

日期: 年 月 日

4.3 凹模零件加工材料工具清单

类别	名称	型号	数量	作用
仪器仪表				
工具				
元器件				
软件				

4.4 凹模类零件加工计划表

学习班级	
团队负责人	
团队成员	

序号	内容	人员分工	预计完成时间	实际工作情况记录
1				
2				
3				
4				
5				
6				

学生确认			日期	

4.5　凹模类零件加工程序单

4.6 6S和现场操作评分表

项目名称			日 期		
姓 名			组 号		

	考核项目	考核内容	自我评价 (×10%)	班组评价 (×30%)	教师评价 (×60%)	得分
职业素养	纪律 (20分)	认真学习,不迟到早退,服从安排,违反一项扣1~3分				
	安全文明生产 (20分)	安全着装,按要求操作机床,违反一项扣1~3分				
	职业规范 (20分)	爱护设备、量具,实训中工具、量具、刀具摆放整齐,机床加油、清洁。违反一项扣1~3分				
	现场要求 (20分)	不玩手机,不大声喧哗,不打闹,课后清扫地面、设备,清理现场。违反一项扣1~3分				
	工件加工考核 (20分)	在规定时间内准确完成对刀操作,根据现场情况扣分				
	人伤械损事故	若出现人伤械损事故,整个项目成绩记0分				
	总 分					

备 注 (现场未尽事项记录)	
教师签字	学生签字

4.7 零件检测评分表

零件名称		工件编号		
零件图				

序号	考核项目	配分	评分标准	检测结果	得分
1	160	10	超差0.01扣2分		
2	205	20	超差0.02扣2分		
3	40	15	超差0.01扣2分		
4	50	15	超差0.02扣2分		
5	100	15	超差0.01扣2分		
6	R100	10	不合格全扣		
7	R40	10	不合格全扣		
8	表面粗糙度	5	不合格全扣		
9	安全文明生产		按有关规定,每违反一项从总分中扣1~10分,发生重大事故取消考试资格		
10	程序编制		①程序要完整,连续加工。②加工中有违反数控工艺,视情况酌情扣分。③扣分不超过10分		
11	其他项目		①工件必须完整,工件局部无缺陷(夹伤等)。②扣分不超过10分		
12	加工时间	额定时间 分钟,延时扣分			
13	工件总得分				
14	考试签名: 日期: 年 月 日		考评员签名: 日期: 年 月 日		

项目五　组合体类零件加工

5.1　任务单

适应专业:数控、机制、模具、机电等机械相关专业			适用年级	
任务名称:组合体类零件加工			任务编号	
班级	姓名	组别		日期

一、任务描述

1. 按照图 5-1 完成此零件加工前的各项准备工作(检查机床正常运转情况等)毛坯尺寸 10mm×5mm。

2. 按照图 5-1 完成编制线切割加工工序的各项工作(建立工件坐标系、计算节点坐标、绘图、偏移量设置、程序编制、输入程序、选择切削用量、设置切削参数)。

3. 按照图 5-1 依次完成线切割加工的各项工作(操作数控线切割机床、安装校正零件丝、安装调整工件、对丝操作、首件试切、检测零件、调试加工程序等)。

图 5-1　组合体样板零件加工图

二、相关资料及资源

相关资料:
1. 教材《数控加工实训》。
2. 教学课件。

相关资源:
1. 数控线切割、各种刀具、量具。
2. 教学课件。
3. 阅 5.2 引导文。

117

三、任务实施说明

1. 学生分组,每小组 3~5 人。

2. 小组进行任务分析。

3 资料学习。

4. 现场教学。

5. 小组讨论线切割加工工件时应注意的安全事项及任务的重点难点。

6. 小组合作,进行工件线切割加工操作讲解练习,小组成员补充优化。

7. 角色扮演,分小组进行讲解演示。

8. 完成 5.2 引导文相关内容。

四、注意事项

1. 注意加工时应选择正确的站位和操作手势,密切注意加工情况,随时准备处理突发情况。

2. 注意调整进给修调开关和各参数开关,确保加工稳定,提高工件表面质量。

3. 注意线切割加工后,需用煤油去除切割面的电腐蚀产物。

4. 遇到问题时小组进行讨论,老师可以参与讨论,通过团队合作使问题得到解决。

5. 培养学生遵守 6S 相关规定。

五、知识拓展

1. 通过查找资料等方式,了解数控线切割的加工原理和各切削参数的选择。

2. 查阅资料,了解组合体类零件的加工工艺方法。

任务下发人:	
	日期: 年 月 日
任务执行人:	
	日期: 年 月 日

5.2 引导文

适应专业:数控、机制、模具、机电等机械相关专业				适用年级		
任务名称:组合体类零件加工				任务编号		
班 级		姓 名		组 别		日 期	

一、明确任务目的

1. 了解和掌握组合体类零件的结构和编程的基本结构。
2. 能合理地选择各切削参数。
3. 掌握各种组合体类零件加工方法。
4. 正确使用量具测量工件。
5. 遵守 6S 现场管理的相关规定。

二、引导问题

1. 什么是组合体零件?

2. 组合体零件加工时,入丝点和退丝点如何选择?

3. 如何进行跳步加工?

4. 跳加工程序如何编制?

5. 如何分析组合体零件的加工误差?

三、引导任务实施

1. 根据 5.1 任务单给出的零件图,对零件的加工工艺进行分析。

2. 根据 5.1 任务单给出的零件图,制定加工工艺方案。

3. 根据 5.1 任务单给出的零件图,填写零件加工任务单。

4. 根据 5.1 任务单给出的零件图,编写零件加工程序。

四、评价

小组讨论设计本小组的学习评价表,相互评价,最后给出小组成员的得分:

任务学习的其他说明或建议:

指导老师评语:

任务执行人签字:

日期: 年 月 日

指导老师签字:

日期: 年 月 日

5.3 组合体零件加工材料工具清单

类别	名称	型号	数量	作用
仪器仪表				
工具				
元器件				
软件				

5.4　组合体类零件加工计划表

学习班级				
团队负责人				
团队成员				
序号	内容	人员分工	预计完成时间	实际工作情况记录
1				
2				
3				
4				
5				
6				
学生确认			日期	

5.5　组合体类零件加工程序单

5.6 6S 和现场操作评分表

项目名称				日 期		
姓 名				组 号		

	考核项目	考核内容	自我评价（×10%）	班组评价（×30%）	教师评价（×60%）	得分
职业素养	纪律（20分）	认真学习，不迟到早退，服从安排，违反一项扣1～3分				
	安全文明生产（20分）	安全着装，按要求操作机床，违反一项扣1～3分				
	职业规范（20分）	爱护设备、量具，实训中工具、量具、刀具摆放整齐，机床加油、清洁。违反一项扣1～3分				
	现场要求（20分）	不玩手机，不大声喧哗，不打闹，课后清扫地面、设备，清理现场。违反一项扣1～3分				
	工件加工考核（20分）	在规定时间内准确完成对刀操作，根据现场情况扣分				
	人伤械损事故	若出现人伤械损事故，整个项目成绩记0分				
	总 分					
备 注（现场未尽事项记录）						
教师签字				学生签字		

5.7 零件检测评分表

零件名称			工件编号			

序号	考核项目	配分	评分标准	检测结果	得分
1	4.1	10	超差 0.01 扣 2 分		
2	3.1	10	超差 0.02 扣 2 分		
3	1.5	15	超差 0.01 扣 2 分		
4	3	15	超差 0.02 扣 2 分		
5	6.9	15	超差 0.01 扣 2 分		
6	R2.07 与 R1.1 同心	20	不合格全扣		
7	R2	10	不合格全扣		
8	表面粗糙度	5	不合格全扣		
9	安全文明生产		按有关规定,每违反一项从总分中扣 1～10 分,发生重大事故取消考试资格		
10	程序编制		①程序要完整,连续加工。②加工中有违反数控工艺,视情况酌情扣分。③扣分不超过 10 分		
11	其他项目		①工件必须完整,工件局部无缺陷(夹伤等)。②扣分不超过 10 分		
12	加工时间	额定时间	分钟,延时扣分		
13	工件总得分				
14	考试签名:			考评员签名:	
	日期: 年 月 日			日期: 年 月 日	

附表Ⅰ 数控实训中心 6S 检查评分标准

项目	项目内容及要求	基本分	实得分
整理	1. 工具柜上除摆放少量检测及维修工具外,不得摆放其他物品	2	
	2. 使用完后的工具、量具、辅具等要随时放回工具柜内,并按定置图要求摆放整齐	2	
	3. 保证安全通道畅通,无物品堆放	3	
	4. 实训室内所有安全、文明、警示标识牌完好无损,无脏痕和油污	3	
	5. 及时更换看板内容及实训室 6S 考核检查情况表	3	
整顿	1. 电器开关箱内外整洁,无乱搭乱接现象	5	
	2. 电器开关箱有明确标识,并关好电器开关箱门	3	
	3. 工、量具、检测仪器要归类摆放整齐,不随意摆放	5	
	4. 垃圾及时放入指定的箱内,并妥善管理	3	
	5. 工具柜门要随时关闭好,保持整齐	2	
清扫	1. 每班下课前清扫地面,讲课区桌椅摆放整齐	3	
	2. 每班下课前清扫设备,设备整洁无铁屑、油污	3	
	3. 卫生清扫工具摆放在规定位置,并摆放整齐,无乱放现象	4	
	4. 废料头及其他垃圾及时清理出实训室,集中堆放,无乱扔乱放现象	3	
	5. 每班下课前清洗洗手池,无堵塞和脏痕	2	
清洁	1. 经常保持实训室地面干净整洁,不随意乱扔纸屑、生活垃圾等	3	
	2. 实训室墙壁、玻璃、门窗整洁,无脏痕、油污	5	
	3. 保持实训室物品摆放整齐,无桌椅乱放现象	2	
	4. 无私人物品(工作服、包、书、伞、水瓶等)乱放现象	3	
	5. 机床、控制台、资料柜清洁整齐,无杂乱现象	3	
安全	1. 学生进入实训室进行实训操作时必须按要求穿戴好实训服,未按要求着装不得进入实训室,女生必须戴好工作帽	5	
	2. 不准戴手套操作机床	2	
	3. 严格按照老师的要求进行操作,不在实训室内嬉笑打闹	5	
	4. 每班下课时切断所有电源,关好实训室门窗	4	

项目	项目内容及要求	基本分	实得分
素养	1. 增强 6S 管理观念,严格要求自己,在实训中培养良好的职业素养	2	
	2. 认真学习,不迟到,不早退,不无故缺课	4	
	3. 不在实训室内听音乐(MP3),不在实训室内玩手机(游戏)	4	
	4. 上课时不打瞌睡,不躺在实训室坐椅上睡觉	3	
	5. 不在实训室内高声喧哗,不在实训室内唱歌	2	
	6. 自己的零件做坏了,不调换别人的好零件	3	
	7. 按要求及时填写交接班记录及设备使用记录	2	
	8. 安全文明实训,爱护设备,爱护量具,不破坏公共卫生,不在墙壁上乱涂乱画	2	

附表 II　数控加工实训综合评分表

项目	内容	引导文 (10%)	工艺文件 (10%)	零件质量 (600%)	6S管理 (20%)	合 计
数控车床实训评分栏	项目一					
	项目二					
	项目三					
	项目四					
	项目五					
	项目六					
	项目七					
数控铣削实训评分栏	项目一					
	项目二					
	项目三					
	项目四					
	项目五					
数控线切割实训评分栏	项目一					
	项目二					
	项目三					
	项目四					
	项目五					
总 成 绩						
批阅老师：				日期：		

附表Ⅲ 数控加工实训总结及建议

1. 总结：

2. 建议：

参考文献

[1]魏同学,张立昌.数控加工实训.2 版.西安:西安交通大学出版社,2015.

[2]解存凡.使用普通机床加工零件学习指导书.西安:西安交通大学出版社,2013.